Moritz Blanke

Strukturwandel im Ruhrgebiet

Genese und Wandel eines monostrukturellen Wirtschaftsraums

GRIN Verlag

Bibliografische Information der Deutschen Nationalbibliothek:

Die Deutsche Bibliothek verzeichnet diese Publikation in der Deutschen National-
bibliografie; detaillierte bibliografische Daten sind im Internet über http://dnb.d-
nb.de/ abrufbar.

Impressum:

Copyright © 2010 GRIN Verlag GmbH
Druck und Bindung: Books on Demand GmbH, Norderstedt Germany
ISBN: 978-3-640-92909-2

Dieses Buch bei GRIN:

http://www.grin.com/de/e-book/172864/strukturwandel-im-ruhrgebiet

Institut für Geographie
Westfälische Wilhelms-Universität Münster
Seminar: Bevölkerungs- und Sozialgeographie

SS 2010

Strukturwandel im Ruhrgebiet -
Genese und Wandel eines monostrukturellen Wirtschaftsraums

Moritz Blanke

Inhaltsverzeichnis

1 Einleitung

Das Ruhrgebiet ist heute mit rund 5,3 Mio. Einwohnern einer der am dichtesten besiedelten metropolitanen Räume Europas. 53 Städte und Gemeinden bilden auf einer Fläche von 4435 km² eine wirtschaftliche Agglomeration, die auf dem „alten Kontinent" seines Gleichen sucht. Die Geschichte des Ruhrgebiets ist eng verknüpft mit der industriellen Hochphase der deutschen Industrialisierung, deren Ausprägungen sich nirgends so sehr abzeichneten wie in dem Bereich zwischen dem Bergischen Land und der Lippe.

Auch heute noch, trotz weitreichender Veränderungen, ist das Image stark geprägt von dem industriellen Charakter den es einst besaß. Unweigerlich verbindet man mit dem Großraum rauchende Schlote und Kohleschächte. Allerdings ist dieses Bild überholt. Die Zeiten, in denen das Ruhrgebiet fast ausschließlich von der Schwerindustrie geprägt war, sind mittlerweile fast vollständig ausgeklungen.

Im Folgenden sollen Werde- und Niedergang der Montanindustrie beschrieben, die damit verbundenen strukturellen Entwicklungen aufgezeigt und die Schwierigkeiten des Wandels erläutert werden. Um dies nachvollziehen zu können ist eine Betrachtung der historisch-politischen Rahmenbedingungen, die die Region beeinflussten von besonderem Interesse. Zur Verdeutlichung sollen die Beschäftigtensituation und Bevölkerungszahlen, die im Laufe der Zeit starken Schwankungen unterlagen, herangezogen werden.

2 Die Entstehung und Entwicklung der Montanindustrie

Die Entstehung des Ruhrgebiets ist eng verknüpft mit der Entstehung und Entwicklung der Montanindustrie. Will man die heutige Erscheinung der Region mit all ihren Facetten begreifen, ist die Betrachtung der historischen Entwicklung - von einem landwirtschaftlich geprägten Raum hin zu der größten schwerindustriellen Verdichtung ihrer Zeit – unabdingbar und von besonderer Bedeutung. Im folgenden Abschnitt soll der Fokus insbesondere auf den Beginn der Hochzeit der Industrialisierung ab 1830, die weitere Entwicklung und die strukturellen Veränderung im Nachkriegsdeutschland gelegt werden.

2.1 Naturräumliche Bedingungen

Die Voraussetzungen für die Entwicklung der Schwerindustrie im Ruhrgebiet entstanden vor etwa 300 Mio. Jahren im erdgeschichtlichen Zeitalter des Karbon. Pflanzenreste wurden durch Ablagerung und Überlagerung von weiteren Schichten erst zu Torf und anschließend unter dem Einfluss enormen Drucks und großer Hitze zu Steinkohle, dem Grundstein der späteren Montanwirtschaft. Die Kohleschichten, so genannte Flöze, wurden über die Jahrmillionen durch Plattentektonik gegeneinander geschoben und aufgefaltet, was zu einem Süd-Nordgefälle und einer unregelmäßigen Verformung führte. Im Süden des Ruhrgebiets, im Ruhrtal, gelangte die Kohle durch diese endogenen Prozesse bis an die Erdoberfläche. Während der Kreidezeit vor ca. 100 Mio. Jahren überschwemmte ein Meer die Kohleschichten. Die dabei abgelagerten Sande und organischen Reste bildeten eine massive Mergelschicht aus Kalk, die die Flöze heute bedeckt. Wie sich später zeigen wird hatten diese geomorphologischen Gegebenheiten starken Einfluss auf die Entwicklung und Ausbreitung des Ruhrgebiets.

2.2 Die Anfänge der Kohleförderung

Der Überlieferung nach wurden die ersten Kohlen von einem Hirtenjungen entdeckt, der während einer nächtlichen Rast, ein Feuer entzündete und dabei die Eigenschaften der Kohle als Brennstoff bemerkte. Die erste belegte Kohleförderung geht aus einer Dortmunder Urkunde Anfang des 13. Jahrhunderts hervor, die den Abbau im Nord-östlichen Ruhrtal bescheinigt. Die geologischen Verhältnisse ermöglichten das Ausgraben der Kohle an der Erdoberfläche in einfachen Gruben, so genannten Pingen. Anfangs nur für den Eigenverbrauch genutzt, gewann die Kohle langsam an Bedeutung als Energieträger und die Kohleförderung dehnte sich nach Westen hin aus. Im 15. Jahrhundert (Jhdts.) wurden erste Schächte angelegt die allerdings nur einige Meter tief reichten. Die ersten Stollen entstanden im 16. Jhdts. Diese wurden leicht geneigt in das Erdreich getrieben und zur Luftzirkulation in regelmäßigen Abständen mit der Erdoberfläche verbunden. Um das Grubenwasser ablaufen zu lassen legte man unterhalb des Hauptstollens Nebenstollen an, in die das Wasser ablaufen konnte (vgl. EHSES 2005, S. 15). Neben dem noch primitiven Stollenbau war das eintretende Wasser eines der Hauptprobleme bei der Kohleförderung. Die Talsole verhinderte das Erreichen tiefer gelegener Flöze, da es noch keine leistungsfähigen Pumpensysteme gab. Dies sollte sich erst mit der

Einführung der Dampfmaschine um die Jahrhundertwende ändern.

Im Laufe des 18. Jhdts. erlangte die Kohle einen immer größeren Stellenwert als Energieträger und es entstanden zahlreiche neue Industrie- und Gewerbezweige, wie z.B. Glas-, Porzellan-, und Metallhütten. Um dieser Entwicklung Rechnung zu tragen gründete der Preußische Staat 1738 das Märkische Bergamt Bochum und verstaatlichte die Kohleförderung. Mit dem Anlegen von Kanälen und vor allem der Schiffbarmachung der Ruhr 1722 entstanden wichtige Transportwege die den Absatzradius der Kohle erweiterten. Vor dem Hintergrund des Merkantilismus als Wirtschaftssystem gewann die Kohle auch als Exportgut an Bedeutung (vgl. SCHLIEPER 1986, S. 22 ff). Bis zur Jahrhundertwende hatte sich eine gewerbliche Struktur mit einem Schwergewicht auf der metallerzeugenden und -verarbeitenden Industrie entwickelt deren wirtschaftliche Bedeutung sich noch auf die nähere Region beschränkte.

2.3 Die Industrialisierung im Ruhrgebiet

Zu Beginn des 19. Jhdts. deutete noch wenig darauf hin, dass sich die Region nördlich der Ruhr zu einem der größten Wirtschaftsräume Zentraleuropas aufschwingen würde. Zwar waren gewisse Rahmenbedingungen wie billige Arbeitskräfte aus der Landwirtschaft, große ungenutzte Flächen und mit dem westlich gelegenen Rhein ein hervorragender, potentieller Transportweg vorhanden, jedoch fehlte zur Anwendung neuer Technologien in der Metallindustrie die tiefer liegende Fettkohle, die sich durch einen hohen Kohlenstoffgehalt und niedrige Feuchtigkeit auszeichnet.

Als Ereignis von zentraler Bedeutung ist daher der Durchbruch der Mergelschicht zwischen 1837 und 1839 anzusehen. In der Zeche „Kronprinz" in Essen gelangte man erstmals unter dem Einsatz von Dampfmaschinen an die Fettkohle. Nun ließ sich die Weiterverarbeitung zu dem deutlich effizienteren Energieträger Koks vornehmen und somit der Grundstein für die Entfaltung neuer Wirtschaftszweige gelegt werden. Ausgehend von den beiden primären Produktionsgütern Kohle und Stahl entwickelte sich ein engmaschiges Wirtschaftsgeflecht, das bald in der Lage war ein sich selbst tragendes Wirtschaftswachstum zu erzeugen. Durch die geographische Nähe kam es zu Synergieeffekten zwischen dem Bergbau und der Metall erzeugenden Industrie, die den Fortschritt zusätzlich befeuerten. Die sich rasch entwickelnde Bergbautechnik war ein wichtiger Abnehmer für Produkte aus der Metallindustrie. Diese wiederum war auf die Kohle bzw. das hochwertigere Koks angewiesen. Um die Produktivität weiter zu steigern legten viele Firmen ihre Zechen, Kokereien und Metallhütten zusammen, wodurch Großunternehmen mit geschlossenen Produktionsketten entstanden. Diese waren fast ausschließlich auf den Montansektor ausgerichtet was zu einer vertikal ausgerichteten Verbundwirtschaft führte an deren Anfang die Kohle als zentraler Stützpfeiler stand. Die ehemals vorherrschenden kleingewerblichen Handwerksbetriebe und Manufakturen wurden durch maschinell optimierte Massenbetriebe ersetzt, was neben der ökonomischen Entwicklung zu starken sozialen Veränderungen führte (siehe 2.3.1).

Die Einführung technischer Innovationen vor allem in der Metallurgie verstärkte diese Tendenzen. Neue Verhüttungsmethoden, wie das Puddelverfahren oder das ab den 1870er Jahren eingeführte Thomas-Verfahren, führten zu einer starken Produktivitätssteigerung in der Stahlerzeugung. Der Stahlformguss ermöglichte es den geschmolzenen Stahl variantenreich weiter zu verarbeiten und die Produktpalette der erzeugten Güter zu erweitern.

Mitte des 19. Jhdt. lag der Produktionsschwerpunkt in der Belieferung und Herstellung der neuen mit Dampf betriebenen Verkehrsmittel wie dem Dampfschiff und vor allem der Eisenbahn. Die Strecke zwischen Köln und Minden schloss 1846 das Ruhrgebiet an das Schienennetz an und führte zu einer nie da gewesenen Mobilität. Neben dem Ausbau von Straßen und Wasserwegen verbesserte das Schienensystem die Infrastruktur bedeutend und gewährte nicht nur die Zulieferung von Rohstoffen in größeren Mengen, insbesondere von Eisenerz, sondern verschaffte dem Wirtschaftsraum neue Absatzmärkte. Mit der Abkehr vom Merkantilismus hin zu einer liberaleren Wirtschaftspolitik und der Auflösung der feudalen Herrschaftsstrukturen wurden auch politische Rahmenbedingungen für die industrielle Entfaltung geschaffen. Die Gewerbefreiheit erlaubte es der gewachsenen, bürgerlichen Schicht sich in die Selbstständigkeit zu begeben und neue Unternehmen zu gründen.

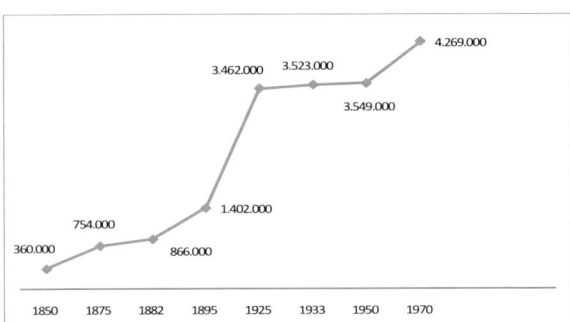

Abb. : Bevölkerungsentwicklung im Ruhrgebiet (Altkreise Dortmund, Bochum, Essen, Duisburg Recklinghausen) von 1850 bis 1970 (Quelle: eigene Darstellung, Ursprungsdaten: Gewerkschaftliche Monatshefte 3/88)

Der Ausbruch der industriellen Revolution begründete sich aus dem Zusammenspiel vieler Faktoren, die gemeinsam für den in den folgenden Jahren einsetzenden Wirtschaftsboom verantwortlich waren: Noch 1850 betrug die geförderte Menge Kohle 1,9 Millionen t., 1870 waren es schon 11,9 Millionen t. und bis 1900 stieg der Abbau auf 60 Millionen t. an. Auch die Stahlerzeugung stieg in beeindruckendem Maße von 11.500 t. im Jahre 1850, auf 3,3 Millionen t. im Jahre 1900. Die steigenden Produktionskapazitäten erforderten zugleich immer mehr Arbeitskräfte im Kohlebergbau. Von 1850 bis 1900 stieg die Beschäftigtenzahl pro Zeche von 62 auf 1390 Arbeiter (vgl. ebd. 1986, S. 81). Ausgehend von der Ruhrzone breitete sich das Ruhrgebiet im Laufe der Zeit entlang der Kohlevorkommen Richtung Norden immer weiter aus. Die Städte Dortmund, Bochum, Essen und Duisburg entlang der ehemaligen Handelsroute am Hellweg wurden zu wichtigen Standorten für die Schwerindustrie und entwickelten sich von kleinen Handelsposten zu industriellen Großstädten. Weiter nördlich kam es im Zuge der Nordwanderung zur Gründung neuer Städte wie etwa Gelsenkirchen oder Oberhausen in der Emscherzone. Die stetig steigende Nachfrage und die verbesserten Möglichkeiten im Kohlebergbau führten zu Beginn des 20. Jhdts. zur Erschließung der Lippezone, wo auch heute noch Kohle, in erster Linie für die Stromerzeugung, gefördert wird.

„Aus einem zu Anfang des 19. Jahrhunderts nur regional bedeutsamen Wirtschaftsraum war in kaum mehr als 60 Jahren eine Industrieregion von nicht nur nationalem Stellenwert geworden; es war ein europäisches Ereignis" (ebd. 1986, S.47).

2.3.1 Bevölkerungsentwicklung und soziale Probleme

Die große Nachfrage an Arbeitskräften führte zur einer bis dato nie da gewesenen Mobilisierung von Menschengruppen, deren Ansiedlung zur Urbanisierung besonders in den Kerngebieten, der Hellweg- und der Emscherzone führten. Mit der Aussicht auf gesicherte Arbeitsverhältnisse und angezogen von der dynamischen Entwicklung wanderten tausende von Menschen, anfangs noch aus der ländlichen Umgebung, um 1850 auch aus weiter entfernteren Regionen, überwiegend aus dem Sauerland, dem Rheinland und aus Hessen in die industriellen Ballungszentren. Durch die Erschließung der Emscherzone und die stetig wachsende Nachfrage an Personal zogen zusätzlich auch ausländische Arbeiter, größtenteils aus den ostpreußischen Provinzen, aus Polen und Slowenien in die neu gegründeten Städte. Zumeist handelte es sich dabei um Wanderarbeiter mit geringer Qualifikation die in den Schächten unter Tage Arbeit fanden. Durch die Zusammensetzung aus unterschiedlichen Regionen und Ländern war die Entwicklung einer Gesellschaftsstruktur mit einer eigenen regionalen Identität sehr schwierig. Die kulturellen Unterschiede, insbesondere die sprachlichen Barrieren bei der nicht deutschen Bevölkerung, erschwerten zusätzlich die Integration. In erster Linie verband die Menschen ihre Tätigkeit in den Bergwerken und Stahlhütten wodurch sich eine bildungsferne, proletarisch geprägte Bevölkerungslandschaft entwickelte (vgl. FRANKEN 2006, S. 27). „Von 1850 bis 1925 stieg die Bevölkerungszahl von rund 400.000 auf 3,4 Millionen" (vgl. EHSES

2005, S.16). Dieses rasante Bevölkerungswachstum brachte auch eine Vielzahl an strukturellen und sozialen Problemen mit sich. Da es noch keine zuständige Planungsbehörde gab entstand durch die demographische Verdichtung eine unkontrollierte bauliche Entfaltung, die zu menschenunwürdigen Lebensbedingungen führte. Auf Grund von Wohnungsmangel kamen häufig mehrere Familien in einem Wohnhaus unter, später zunehmend in mehrgeschossigen Reihenhäusern. Die hygienische Unterversorgung und die nur schwer zu bewältigende Abwasser- und Müllentsorgung erhöhten die Gefahr von Krankheiten und Seuchen. Viele der neu entstandenen Wohnräume sind von den Unternehmen errichtet worden um die Arbeitskräfte möglichst nah an die Produktionsstätten zu binden, wodurch nicht nur eine Abhängigkeit das Arbeitsverhältnis betreffend, sondern auch in Bezug auf den Wohnraum entstand. Die große Nachfrage an billigen Arbeitskräften und die ärmlichen Verhältnisse in den Familien führten zu einer weiten Verbreitung von Kinderarbeit. Hinzu kam es, auf Grund des fehlenden ökologischen Bewusstseins, zu einer starken Umweltverschmutzung. Die unzähligen Industrieschlote verpesteten die Luft und Industrieabfälle wurden ohne Reinigungsprozesse in den Flüssen entsorgt.

Das Image vom „Pott" hat seinen Ursprung in jener Zeit und viele der Vorurteile dem Ruhrgebiet gegenüber begründen sich aus den katastrophalen Zuständen zu Beginn der Industrialisierung.

2.3.2 Einzug der Chemie- und Elektrizitätsindustrie

Bis zum Anfang des 20. Jhdts. entstand im Zuge der industriellen Revolution das Ruhrgebiet, eines der größten Wirtschaftszentren Europas mit über vier Millionen Einwohnern. Während die etablierten Wirtschaftszweige eine feste Position im nationalen und internationalen Markt eingenommen hatten, kamen neue Abnehmer für die Kohle hinzu. Die Gewinnung von chemischen Nebenprodukten bei der Erzeugung von Koks brachte neue Möglichkeiten in der Verwertung. Neben Ammoniak und Teer wurde vor allem Benzol zu einem wichtigen Erzeugnis. Es trieb die neuen Benzinmotoren an, die sich langsam etablierten und im Zuge des 1. Weltkriegs eine immer größere Bedeutung bekamen. Neben den Innovationen im Chemiesektor entwickelte sich die Stromerzeugung zu einem der Hauptabnehmer für Steinkohle. „Welch rasanten Fortschritt die Elektrizitätserzeugung im Ruhrgebiet machte, zeigt sich an der Entwicklung der installierten Kraftwerkleistung: 1890 gibt es in Westfalen 1 Elektrizitätswerk mit 0,1 MW Leistung im Jahre 1900 sind es 44 Werke mit 10,1 MW Leistung und 1913 schließlich 184 Werke mit 201,7 MW" (SCHLIEPER 1986, S. 94). Die Einführung der neuen Energiequelle führte zu einer erheblichen Optimierung der Produktion und gewährte den

8

Unternehmen weiteres Wachstum. Diese hatten sich mittlerweile zu einflussreichen Akteuren auch in politischer Hinsicht entwickelt in dem sie Kartelle und Syndikate bildeten.

Neben Kohle und Stahl sollten die Elektrizitäts- und Chemieindustrie in den nächsten Jahrzehnten das Grundgerüst der Wirtschaft im Ruhrgebiet ergänzen.

2.4 Der 1. Weltkrieg und seine Folgen

Während des 1. Weltkrieg fungierte das Ruhrgebiet als Hauptlieferant für die Rüstungsindustrie und stellte selbst einen Großteil des deutschen Waffenarsenals her. Doch die Neuausrichtung auf die Kriegswirtschaft war kostspielig und ein produktionstechnisch sehr komplizierter Akt. Die Folge waren Lohnsenkungen und längere Arbeitszeiten bei der Belegschaft, was den Lebensstandard vieler Arbeiter stark verschlechterte und den Nährboden für soziale Unruhen lieferte die, sich häufig in Streiks entluden. Das revolutionäre Klima unter der Belegschaft brachte auch die ersten Gewerkschaftsgründungen mit sich und verbesserte die Position des Proletariats nicht zuletzt durch die neue Sozialgesetzgebung. Die politische Instabilität war aus ökonomischer Sicht ein Rückschlag für das Ruhrgebiet. Zum ersten Mal in der Geschichte sank die Stahl- und Kohleerzeugung. Mit der Niederlage nach dem 1. Weltkrieg wurde die weitere Entwicklung insbesondere durch die Restriktionen im Zuge des „Versailler Vertrag" gehemmt.

Im Laufe der 1920er Jahre erholte sich die Industrie zwar langsam wieder, wurde aber mit dem Beginn der Weltwirtschaftskrise, die 1929 eintrat, erneut zurückgeworfen. Der Kurseinbruch an der New Yorker Börse führte zu erheblichen Finanzierungsproblemen und stürzte das Ruhrgebiet in seine erste schwere Krise. Viele Unternehmen mussten Konkurs anmelden und es kam vielerorts zu Entlassungen. Zwar „(milderten) Rationalisierung und Spezialisierung zunächst die Auswirkungen der Wirtschaftskrise konnten allerdings nicht verhindern, dass auch in der Ruhrwirtschaft die Kapazitätsauslastung abnahm" (SCHLIEPER 1986, S.125). Von 1924 bis 1932 verloren 130.000 Menschen ihren Arbeitsplatz allein im Bergbau (vgl. TENNFELDE 1988, S.134).

Die unbeständige Beschäftigtensituation hatte einen entscheidenden Anteil an dem Wunsch nach politischer Veränderung in weiten Teilen der Bevölkerung. 1933 wurde die NSDAP an die Macht gewählt und begann ihren Einparteienstaat zu installieren. In ökonomischer Hinsicht entspannte sich die Situation für das Ruhrgebiet. Durch staatliche Investitionen besonders im Bereich der Infrastruktur und das verbesserte Klima in der Bevölkerung begann die Wirtschaft wieder zu wachsen. Bis 1939 stieg die Kohleförderung auf ein bis dahin unerreichte Jahresproduktion von 130 Million t.

an. Im Zuge der Autarkiepolitik der Nationalsozialisten entwickelte sich die Veredelung der Kohle insbesondere in der Benzinherstellung bedeutend weiter. Neue Innovationen in der Metall verarbeitenden Industrie wie die Walzenstraße führten zu einer zusätzlichen Produktionssteigerung. Allerdings fielen die Wachstumsraten zum Ende der 1930er Jahre deutlich niedriger aus als noch in den Jahrzehnten zuvor und deuteten bereits darauf hin, dass das Ruhrgebiet die Grenzen seiner Wachstumsmöglichkeiten erreicht hatte.

2.5 Der 2. Weltkrieg und die Nachkriegsjahre

Während des 2. Weltkrieges nahm das „Revier" wieder eine wichtige Rolle als Waffenlieferant für den deutschen Feldzug ein, wodurch es zu einem der Hauptziele für die alliierten Bombenangriffe wurde. Nach der Kapitulation Deutschlands im April 1945 lagen große Teile der Produktionsstätten in Trümmern und in der Bevölkerung herrschte Nahrungsmangel. Die Demontage großer Teile der Industrieanlagen warfen die Wirtschaftsleistung auf das Niveau von 1890 zurück. In den folgenden Jahren war das Ruhrgebiet maßgeblich von den Entscheidungen und Interessen der Besatzungsmächte geprägt. Anfangs waren diese darauf bedacht, das politische und wirtschaftliche Potential der Region einzuschränken und lösten im Zuge einer Entflechtungspolitik, die alten Kartelle und Syndikate auf. Doch im heraufziehenden West-Ost-Konflikt war man auf die Wirtschaftskraft des Ruhrgebiets angewiesen. Erheblichen Anteil an der weiteren Entwicklung hatte der von den USA durchgesetzte Marshallplan der den Wiederaufbau Deutschlands vorsah und dringend benötigte finanzielle Mittel zur Verfügung stellte. Das Ruhrgebiet sollte seinen Beitrag zum Wiederaufbau des zerstörten Europa leisten, das nach großen Mengen Kohle, Energie und Metallgütern verlangte. Viele der unter Tage gelegenen Schächte waren von der Zerstörung verschont geblieben und so konnte der Bergbau seine Produktion schon unmittelbar nach dem Krieg wieder aufnehmen. Die Stahlerzeugung unterlag im Gegensatz zur Kohle strengeren Reglementierungen seitens der Siegermächte und war stark durch die Demontagen beeinträchtigt, wodurch die Inbetriebnahme länger hinausgezögert wurde. Erst mit dem Ausbruch des Koreakonflikt 1950 stieg die Nachfrage nach Stahlerzeugnissen und kurbelte die Produktion an. Die Währungsreform von 1948 und die Einführung der Sozialen Marktwirtschaft bildeten den Rahmen für den einsetzenden Aufschwung. In den 1950er Jahren kam es zu einer erneuten Blütezeit des Ruhrgebiets und im Speziellen der Montanindustrie: Zwischen 1950 und 1958 steigerte der Kohlebergbau seine Produktion um 18,4% und erreichte mit 125 Millionen t. im Jahr 1956 einen neuen Höchstwert. Auch die Stahlerzeugung kehrte zu alten Leistungen zurück. Die Produktion erreichte im gleichen Zeitraum eine Steigerung um 77,2%. (vgl. SCHLIEPER, S.166). Der Bedarf an Arbeitskräften konnte kaum gedeckt werden und so kam es zu einem erneuten Bevölkerungswachstum, das zu einem Höchstwert von knapp 5,7 Millionen Einwohnern im Jahre 1961 führte. Bei vielen der neuen Arbeiter handelte es sich um Migranten, überwiegend aus Südeuropa und der Türkei, deren Nachfahren auch heute noch die Bevölkerungsstruktur der Region prägen.

Das Wirtschaftswunder brachte neuen Wohlstand und festigte den Glauben an eine langfristige Bedeutung der Montanindustrie für den Standort Deutschland. Allerdings versäumte man es strukturelle Maßnahmen zu ergreifen um die monostrukturelle Ausrichtung auf die Montanindustrie aufzulockern. Im Laufe der Jahre kam es zwar zu einer deutlichen Steigerung der Erwerbstätigen im Bereich der Elektrotechnik und auch die Chemieindustrie gewann weiter an Bedeutung, doch nach wie vor waren Kohle und Stahl die dominierenden Wirtschaftszweige im Ruhrgebiet.

3 Stahl und Kohle in der Krise – Beginn des strukturellen Wandels

Der wirtschaftliche Aufschwung des Ruhrgebiets sollte allerdings nur wenige Jahre anhalten. Schon 1958 zeichnete sich eine Verschiebung in der Energieversorgung ab. Die immense Nachfrage an schnell verfügbarem Brennstoff in den Nachkriegsjahren führte zur Ausbeutung der Kohlevorkommen wodurch die Kohleproduktion im Ruhrgebiet schon bald nicht mehr den Bedarf der nach wie vor wachsenden Wirtschaft abdecken konnte. Die Förderung aus immer tiefer liegenden Schichten erschwerte den Abbau und unterlassene Investitionen in neue Bergbautechnik machten die „Ruhrkohle" vergleichsweise teuer. Die wachsende Wirtschaft musste bald auf Kohle aus dem Export zurückgreifen, die durch die Öffnung der internationalen Märkte einen immer größeren Stellenwert einnahm. Neue Energieträger wie Gas und Erdöl, später auch Kernenergie, boten billige Alternativen und kamen zunehmend auch in der Chemieindustrie zum Einsatz. „Es zeigte sich, dass der allgemeine Energiemangel im Verlauf des Korea-Krieges und der Stahlbedarf für den Wiederaufbau zu einer (...) „künstlichen" Renaissance des Montanbereiches (führten)" (IHK 2010, S.4). Das Ende der Wiederaufbauphase Europas bedeutete gleichzeitig den Niedergang des Kohlebergbaus „Von 1957 bis 1967 sank die Kohlenförderung an der Ruhr um 26,7% (und) die Beschäftigung halbierte sich in diesem Zeitraum nahezu (47,3%) [...] (SCHLIEPER 1986, S.178). Erst fünf Jahre später reagierte man politisch auf die sich wandelnde Marktsituation da man die weitreichenden Veränderungen nicht wahrhaben wollte und als konjunkturelle Schwankung abtat. Mit der Gründung des Rationalisierungsverbund 1963 und der Einführung von Stilllegungsprämien wurden erstmals politische Maßnahmen ergriffen um den Rückgang der Kohlenachfrage und die damit verbundenen Folgen aufzufangen. 1969 schlossen sich große Teile der Bergbauindustrie in der Einheitsgesellschaft „Ruhrkohle AG" (RAG) zusammen, um ihre Wirtschaftlichkeit zu verbessern. Doch die Maßnahmen konnten die Auswirkungen auf die Region nur geringfügig abmildern und waren Ausdruck des sich anbahnenden Strukturwandels.

Zwischen 1950 und 1970 reduzierte sich die Erwerbstätigkeit im Bergbau um rund 200.000 Arbeitnehmer (vgl. TENNFELDE, S.134). Die Schließung der Zechen im Zuge der Rationalisierungswelle bedeutete für viele Bergarbeiter den Gang in die Arbeitslosigkeit, da kaum alternative Gewerbestrukturen entstanden. Zwar entwickelte sich auch im Ruhrgebiet der Dienstleistungssektor weiter, doch waren die Einschnitte im Bergbau zu groß um diese auszugleichen.

Die Stahlindustrie konnte sich im Vergleich zur Kohle länger behaupten. Ausgehend von der Korea-Krise entwickelte sich das Wettrüsten im Zuge des „Kalten Krieges", was die Nachfrage an großen Mengen Stahl zur Folge hatte. Bis in die 1970er Jahre stieg die Produktion in der eisenschaffenden

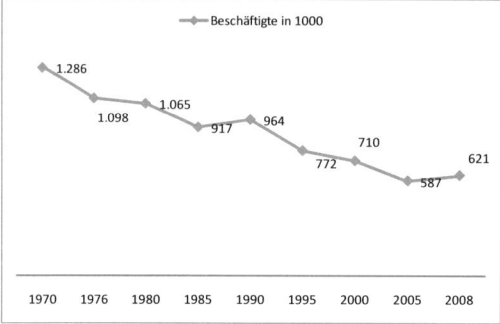

Abbildung 2: Beschäftigte im produzierenden Gewerbe von 1970 bis 2008 (Quelle: eigene Darstellung, Ursprungdaten: Landesbetrieb für Information und Technik, NRW; RVR-Datenbank)

Industrie und löste sogar zum ersten Mal die Kohle als wichtigsten Industriezweig ab. Mit dem Einsetzten der Ölkrise 1973 begann auch der Niedergang der Stahlindustrie im Ruhrgebiet. Die steigenden Energiepreise und neue Konkurrenten auf dem internationalen Markt erschwerten den Export des deutschen Stahls. Die Nachfrage des Binnenmarktes hatte schon im Laufe der 1960er Jahre erheblich nachgelassen und so begann nach der Kohle auch der zweite Eckpfeiler der Ruhrwirtschaft einzubrechen. Der Rückgang im produzierenden Gewerbe war ähnlich dramatisch wie im Bergbau. Von 1970 bis 2008 halbierte sich die Beschäftigtenzahl in diesem Bereich (Abb.2). Viele Zulieferer und Dienstleister waren eng mit der Montanindustrie verflochten was einen Dominoeffekt zur Folge hatte, der die ganze Region in eine tiefe Rezession stürzte. Während sich der Rest der Bundesrepublik im Aufschwung befand, wurde im Ruhrgebiet immer offensichtlicher, dass die Region den neuen Anforderungen des Marktes nicht gewappnet war.

4 Die Probleme des Strukturwandels

Der Niedergang der Montanindustrie zeigte wie dringend die Schaffung neuer Wirtschaftsstrukturen nötig war. Der Wegfall von Arbeitsplätzen im Montansektor konnte nicht von anderen Sparten aufgefangen werden und erforderte die rasche Umstrukturierung der Wirtschaft und ihrer Diversifizierung. Gerade die horizontale Ausrichtung der Wirtschaft mit der Konzentration auf die beiden Grundpfeiler Kohle und Stahl führte zu einer verhängnisvollen Abhängigkeit, die nur langsam korrigiert werden konnte.

Die strukturelle Anpassung wurde durch eine Vielzahl von Problemen erschwert. Viele der alten Industrieanlagen waren durch chemische Altlasten kontaminiert und bedurften kostspieliger Aufbereitung und Sanierung seitens der potentiellen Investoren, was den Verkauf an neue Unternehmen deutlich erschwerte. Bei vielen Flächen bestand zusätzlich die Gefahr, von Bergschäden, da der Untergrund durch die Förderung der Kohle an vielen Stellen instabil geworden war.

Anfangs bestand bei den großen Bergbau- und Stahlkonzernen noch kein besonderes Interesse die brach liegenden Flächen zu veräußern, da neue Betriebe eine Konkurrenz auf dem Arbeitsmarkt bedeuteten und somit zu steigenden Löhnen geführt hätten, so das ökonomische Kalkül der Montanindustrie. Obwohl es durchaus Ansiedlungspläne von neuen Unternehmen gab, besonders aus der Automobilbranche, scheiterten diese an den Blockaden der Stahl- und Bergbauunternehmen. Das einzige realisierte Ansiedlungsprojekt eines Großbetriebes war das Opel-Werk in Bochum. Ansonsten ging die Entwicklung in den sich neu etablierenden Wirtschaftszweigen größtenteils am Ruhrgebiet vorbei. Die veraltete Infrastruktur mit ihrem unzureichend ausgebauten ÖPNV-Netz entsprach nicht mehr den Anforderungen einer Gesellschaft, in der Mobilität einen immer höheren Stellenwert eingenommen hatte.

Besonders gravierend für eine Umstrukturierung der Wirtschaftsstrukturen waren die Mängel im Bildungswesen. Erst 1964 wurde mit der Bochumer „Ruhruniversität" die erste Universität des Ruhrgebiets gegründet. „Die Einsicht begann sich durchzusetzen, dass sich wirtschaftliches Wachstum stärker auf die Anwendung und Nutzung neuer Technologien und dabei auf gut ausgebildetes "Humankapital" stützen musste: Die Qualifikation der Beschäftigen wurde als wichtige Quelle der wirtschaftlichen Entwicklung erkannt und fand dementsprechend Eingang in die wirtschaftlichen Erneuerungsstrategien (vgl. SCHLIEPER 1986, S. 184). Diese Erkenntnis führte zwar dazu, dass im Laufe der 70er und 80er Jahre des vergangenen Jahrhunderts ein weiterer Ausbau der Bildungsinfrastruktur vorgenommen wurde, doch kurzfristig war die Bevölkerung, die zu großen Teilen aus Industriearbeitern und ihren Familien bestand, nicht in der Lage sich den neuen Anforderungen anzupassen.

Das schlechte Image des Ruhrgebiets, als die „Brachfläche der Nation" hatte an den Wachstumsschwierigkeiten einen erheblichen Anteil. Erst in den 80er Jahren begannen die Landkreise und übergreifend für die gesamte Region, der Regionalverband Ruhr (RVR) mit Imagekampagnen das kollektive Bild, dass sich in den Köpfen der Menschen gebildet hatte, zu korrigieren. Mittlerweile wurde durch die Schaffung überregional bekannter Erholungsgebiete und vor allem der Aktion „Ruhr 2010" das Bild des Ruhrgebiets in der Öffentlichkeit deutlich aufgewertet. Doch für die Ansiedlung jüngerer Technologiesparten, wie die Telekommunikation oder des kreativen Gewerbes, die sich in den 80er Jahren etablierten, waren die Bedingungen ungünstig. Neuen Standortfaktoren, wie etwa einem gut ausgebauten Erholungsangebot, attraktiven Wohnflächen und hohem Bildungsstand wurde in diesen Branchen eine immer höhere Bedeutung zugemessen, denen das Ruhrgebiet nicht gerecht werden konnte. Die Region verpasste zwei wichtige Entwicklungsphasen der nationalen Wirtschaft, was sich bis heute noch in der Erscheinung der Region abzeichnet. Arbeitslosigkeit ist nach wie vor ein großes Problem, besonders in den ehemaligen Schwerindustriemetropolen. In Gelsenkirchen liegt die Quote bei 14,9%, in Dortmund bei 13,4%, in Duisburg bei 13,3% (Stand 2010). Im gesamten Bundesgebiet lag sie im August 2010 bei 7,6%. Im Ruhrgebiet dagegen hatten im Januar des gleichen Jahres 11,4% aller zivilen Erwerbspersonen keine Arbeitsstelle (Bundesagentur für Arbeit; RVR-Datenbank, 2010).

Doch besonders im Bereich der Öffentlichkeitsarbeit hat die Region große Fortschritte gemacht. Durch Großprojekte wie dem Landschaftspark-Nord in Duisburg oder der Zeche Zollverein in Essen wurden symbolträchtige Freizeit-und Kultureinrichtungen geschaffen, die die Phase der Industrialisierung mit einbeziehen und eine neue Identität des Ruhrgebiets vermitteln. Neben diesen Vorzeigeprojekten entwickelte sich eine kulturelle Infrastruktur, die heute auch überregional beachtung findet.Dieses Engagement trug maßgeblich dazu bei, dass im Rahmen der „Ruhr 2010" der Bereich zwischen dem Bergischem Land und der Lippe als Kulturhauptstadt Europas ausgezeichnet wurde.

5 Fazit

Das Ruhrgebiet unterlag im Laufe der Zeit vielen strukturellen Veränderungen. Die Wende zum 19. Jhdt. brachte die Industrialisierung nach Deutschland. Aus einem agrarisch geprägten Raum erwuchs in kürzester Zeit eine Region von schwerindustriellem Charakter, der maßgeblich an der weiteren Entwicklung der deutschen Geschichte beteiligt war. Die monostrukturelle Ausrichtung auf den Montansektor, die dem Gebiet nicht nur seine wirtschaftliche Bedeutung, sondern auch gesellschaftliche Identität gegeben hatte, ließ den Übergang zu einem modernen Wirtschaftsstandort zu einem langwierigen Prozess werden. Interessant ist die Frage ob das Ruhrgebiet exemplarisch für eine Abfolge von Wirtschaftsphasen, mit ihren demographischen, baulichen und gesellschaftlichen Folgen stehen kann. Lassen sich Rückschlüsse aus den aufgetretenen Problemen ziehen, die dazu beitragen in Regionen, in denen ähnliche Abläufe zu beobachten sind, (beispielsweise in China) diese Probleme abzusehen und auf sie zu reagieren? Welche Faktoren spielten eine dominierende Rolle bei der Entwicklung im Ruhrgebiet, welche waren regionale Eigenart und welche von ihnen könnten universell übertragbar sein? Das Ruhrgebiet ist definitiv eine Region von wissenschaftlichem Interesse und Relevanz.

Literaturverzeichnis

Bronny, H. (1984): Strukturwandel im Ruhrgebiet. In: Westfalen im Bild – eine Bildmediensammlung, H.3

Becker, J. (1999): Strukturwandel und Regionalbewußtsein. Das Ruhrgebiet als Exkursionsziel.

Duisken, H. (2010): Arbeitslose im Ruhrgebiet. Online unter:

http://www.metropoleruhr.de/uploads/media/Daten_Jan.2010.pdf (abgerufen am: 04.09.2010)

Ehses, B. (2005): Das Ruhrgebiet. Zahlen, Daten, Fakten. Essen

Franke, L. (2006) Regionale Identitäten im Ruhrgebiet 1850-1914: Bergbau und Migration. Online unter:

http://linafranken.blogsport.de/images/RegionaleIdentiteetenimRuhrgebiet.pdf (abgerufen am 08.08.2010)

Lindauer, G. (2003): Wirtschaftsstatistik – Zeitreihen. Online unter: http://stadt.gelsenkirchen.de/de/Rathaus/

Daten_und_Fakten/Statistiken/_doc/Wirtschaftsstatistik_Zeitreihen.pdf (abgerufen am 08.08.2010)

Micosatt, G. (1993): Bescäftigungsentwicklung, Strukturwandel und Job-Turnover im Ruhrgebiet in den

achtziger Jahren. In: Forschungsberichte der G.I.F., H.19

Metropolruhr (o.J.): Aufstieg und Rückzug der Montanindustrie. Online unter: http://www.ruhrgebiet-

regionalkunde.de/aufstieg_und_rueckzug_der_montanindustrie/huerden_des_strukturellen_wandels/bildungs

blockade.php?p=4,2 (abgerufen am: 08.08.2010)

Schlieper, A. (1984): 150 Jahre Ruhrgebiet. Düsseldorf

Statistik der Kohlenwirtschaft e.V. (2010): Datenangebot Statistik der Kohlenwirtschaft. Online unter:

http://www.kohlenstatistik.de/home.htm (abgerufen am: 09.08.2010)

Tenfelde, K. (1988): Strukturwandel des Ruhrgebiets: Historische Aspekte. Online unter:

http://library.fes.de/gmh/main/pdf-files/gmh/1988/1988-03-a-129.pdf (abgerufen am: 08.08.2010)